Untersuchungen

über die

Querflächen-Ermittlung der Holzbestände.

Ein Beitrag zur Lehre von der Bestands-Massenaufnahme.

Von

Dr. F. Grundner,
Herzoglich Braunschweigischem Forstassistenten.

Von der staatswissenschaftlichen Facultät der Universität Tübingen genehmigte
Inaugural-Dissertation.

Berlin 1882.

ISBN-13: 978-3-642-47183-4   e-ISBN-13: 978-3-642-47508-5
DOI: 10.1007/ 978-3-642-47508-5

Verlagsbuchhandlung von Julius Springer in Berlin.
Druck von Otto Drewitz in Berlin.

Der von dem Vereine deutscher forstlicher Versuchsanstalten vereinbarte „Arbeitsplan für die Aufstellung von Holzertragstafeln" giebt hinsichtlich der Stärkemessung der zur Untersuchung zu ziehenden Probebestände folgende Vorschrift:

Durchmesser-Messung sämmtlicher Stämme mit der Kluppe bei 1,30 m Höhe über dem Boden unter Abrundung auf ganze Centimeter derartig, daß 0,5 cm und darüber voll gerechnet werden, Bruchtheile unter 0,5 cm dagegen unberücksichtigt bleiben.

Die von demselben Vereine herausgegebene „Anleitung für Durchforstungsversuche" unterscheidet dagegen in Betreff der Kluppirung zwischen den geringen Stangenhölzern (d. h. Beständen unter 10 cm durchschnittlicher Stammstärke) und den Baum- und starken Stangenhölzern (von über 20, beziehungsweise 10 cm mittl. Durchmesser); in ersteren tritt, wie bei den Ertragsuntersuchungen, einfache Kluppirung, jedoch nicht nach vollen, sondern nach halben Centimeterstufen ein, wogegen in letzteren „über's Kreuz", unter Abrundung jedes Einzeldurchmessers auf volle Centimeter, kluppirt wird.

Seit dem Jahre 1877 bei der Herzoglich Braunschweigischen forstlichen Versuchsanstalt vielfach mit der Aufnahme von Ertrags- und Durchforstungs-Versuchsflächen beschäftigt, mußte ich mir die Frage vorlegen, worauf sich diese abweichenden Bestimmungen der beiden Arbeitspläne stützen und ob — wie es doch ohne Zweifel beabsichtigt wird — nach beiden Vorschriften die Querflächensummen der Versuchsbestände mit gleichem Genauigkeitsgrade erhoben werden können. Zeigte sich, daß dieses nicht der Fall war, daß vielmehr nur mittelst der Doppelkluppirung genauere Resultate zu erzielen waren, so durfte man sich nicht scheuen die mit derselben verbundene Mehrarbeit auch bei den Ertragsuntersuchungen aufzuwenden.

Das Interesse, welches die Lehre von der Bestands-Massenaufnahme an der richtigen Erhebung des Bestandsfactors „Querflächensumme" hat, ist nicht minder groß, wie das an der Bestimmung der beiden anderen Massenfaktoren, der Bestandsformzahl und der Bestandsmittelhöhe, denn an dem richtigen Massenergebnisse participiren alle drei Factoren in gleichem Maße. Es ist für das Endresultat ganz gleichgültig, ob bei der Erhebung ein Fehler von x Procenten in der Querfläche oder in der Höhe oder in der Formzahl begangen wird; in dem einen wie in dem anderen Falle wird auch die Bestandsmasse um x Procente fehlerhaft erhalten werden.

Hat man sich nun mit Erfolg bemüht, Verfahren ausfindig zu machen, welche es ermöglichen, Formzahl und Höhe beziehungsweise das Product derselben, die Richthöhe, für den Bestand oder einzelne Bestandsgruppen (Stärke- und Höhenklassen) mit fast jeder gewünschten Genauigkeit zu ermitteln — ich darf in dieser Beziehung nur an das vortreffliche Draudt'sche Aufnahme-Verfahren erinnern,[1]) — so mag es erlaubt sein, auch der Bestandsgrundfläche, welche allerdings das vor den anderen beiden Factoren voraus hat, daß sie von jedem Baume bestimmt wird, während die Erhebung von Höhe und Formzahl sich auf verhältnißmäßig wenige Probestämme beschränkt, einmal eine etwas eingehendere Betrachtung zu widmen und zu untersuchen, ob die übliche Methode der Querflächenermittlung für alle Zwecke der Wissenschaft und Praxis genügt, oder ob und welche Aenderungen an dem Aufnahme-Verfahren unter Umständen wünschenswerth resp. nothwendig erscheinen. Ich habe es für keine verlorene Mühe gehalten, diesem Gegenstande auf dem Wege der exacten Untersuchung näher zu treten. Es sind dabei nicht die Methoden der Querflächen-Ermittlung einzelner gefällter Stämme, welche bereits von Anderen[2]) der Untersuchung unterworfen sind, sondern nur das Aufnahme-

---

[1]) cf. Lorey, über Probestämme. Frankfurt a. M. 1877.
[2]) Klauprecht, Die Holzmeßkunst. Karlsruhe 1842. Seite 16.
Schmidtborn, in der Allg. Forst- und Jagdzeitung 1863. Seite 408. ff.
Kunze, Lehrbuch der Holzmeßkunst. Berlin 1873. Seite 210—219.
Wagener, Anleitung zur Regelung des Forstbetriebes. Berlin 1875. Seite 196.
Simony, Die mathematischen Vorbedingungen zur Construction von Massentafeln in dem Centralblatte für das gesammte Forstwesen 1879 und „Ueber das Problem der Stammcubirung als Grundlage der Berechnung von Formzahltabellen und Massentafeln" in von Seckendorff's Mittheilungen aus den forstlichen Versuchswesen Oesterreichs. II. Bd. Seite 113—181.
Kunze, Die Formzahlen der gemeinen Kiefer. Dresden 1881. Seite 13—15.

Verfahren ganzer Bestände berücksichtigt. Auch erstrecken sich die Untersuchungen der Hauptsache nach nur auf die wichtigeren bestandsbildenden Holzarten: Buche, Eiche, Kiefer und Fichte, wenngleich ich einige sich darbietende Gelegenheiten zur Untersuchung anderer Holzarten nicht unbenutzt gelassen habe.

Die Ergebnisse meiner Untersuchungen erlaube ich mir im Nachstehenden vorzulegen.

Was zuerst die Frage betrifft:

> ob für wissenschaftliche und gewisse praktische Zwecke die Doppelkluppirung der Bestände stets oder doch unter gewissen Umständen nöthig sei oder ob Einzelkluppirung in allen Fällen eine hinreichende Genauigkeit darbiete?

so giebt die Literatur hierauf nur mehr oder weniger unbestimmte Antworten, namentlich ist es mir nicht gelungen bezügliche comparative Versuche in derselben aufzufinden.

Soweit ich habe ermitteln können, ist es zunächst Smalian (Beitrag zur Holzmeßkunst. Stralsund 1837), welcher der zu jener Zeit sich mehr und mehr einbürgernden Kluppenmessung, freilich nur für die Zwecke der Forstabschätzung, den Vorzug vor dem Meßbande gebend, zu der Frage bemerkt, daß die Verschiedenheiten der Durchmesser sich bei diesem Verfahren im Ganzen ausgleichen.[1])

Klauprecht (Die Holzmeßkunst. 1. Aufl. 1842. 2. Aufl. 1846) fordert dagegen zur Erreichung größerer Genauigkeit die Messung von wenigstens zwei sich rechtwinklig durchkreuzenden Durchmessern.[2]) Indessen mag, da er dieser Frage nicht auf comparativem Wege nahe getreten ist, seine Forderung um so weniger Beachtung gefunden haben, als fast gleichzeitig mit ihm Carl Heyer in seiner „Anleitung zu forst-

---

[1]) Seite 20 resümirt Smalian seine Erörterungen über Kluppe (Meßstock) und Meßband folgendermaßen:

„— dieses und alles Uebrige wohl erwogen, dürfte es rathsam sein, die Stärke des Holzes bei der Abgabe desselben, wo ein sicheres Verfahren, was jede Willkür ausschließt, erforderlich ist, nach dem Umfange, bei Forstabschätzungen aber, wo es auf Schnelligkeit in der Ausführung ankommt und die Verschiedenheiten der Durchmesser sich im Ganzen ausgleichen, nach dem Durchmesser ermitteln zu lassen.

[2]) Seite 18: „Zur Erreichung von Genauigkeit muß aber jederzeit wenigstens zweimal die Kluppe angelegt (möglichst sich rechtwinklig durchkreuzend) und das Mittel der zwei Messungen genommen werden."

statischen Untersuchungen", Gießen 1846, einen anderen Standpunkt vertrat, indem er sich Seite 94 dieses Werkes, wie folgt, aussprach:

„....., und da bald die breiteren, bald die schmäleren Durchmesser der im Querschnitt nicht kreisrunden Stämme genommen werden, so gleichen sich die Fehler annähernd aus, während dies bei der Umfangmessung niemals der Fall sein kann. Von jener Ausgleichung kann man sich leicht überzeugen, wenn man die Stämme auf einer Probefläche doppelt nach zweien sich kreuzenden Richtungen hin kluppirt, nämlich die Kluppe einmal in der Richtung von Süden nach Norden, sodann in der von Osten nach Westen anlegt, jede der beiden Maßnahmen besonders bucht und die ihnen entsprechenden Kreisflächensummen mit einander vergleicht. Diese zweifache Kluppirung muß aber bei jedem Stamme gleichzeitig geschehen, damit bei beiden Messungen die Kluppe in gleicher Bodenhöhe angelegt wird, was sonst auf unebenem oder geneigtem Boden leicht unterbleibt.

Man bittet um die Vornahme derartiger Untersuchungen, sowie um Ermittlung der Unterschiede in den Kreisflächensummen aller Stämme eines Pr. Morgens, wenn die Messung der Schaftstärken gleichzeitig nach Durchmessern und nach Umfängen geschieht; sodann, wenn bei bloßer Maßnahme nach Durchmessern neben der klassenweisen Eintheilung der Stämme auch die Kreisflächen berechnet werden, welche für eine genaue Messung der Durchmesser, bis zu Linien herab, die Kreisflächentabelle angiebt."

Heyer war somit der Ansicht, daß bei der einfachen Kluppirung bald die kleineren, bald die größeren Durchmesser unter die Kluppe kommen und daß so die richtige Kreisfläche erzielt werde, macht zugleich aber darauf aufmerksam, daß es wünschenswerth sei, diese Hypothese durch exacte Untersuchungen zu prüfen.

Fast gleichzeitig mit Carl Heyer trat auch Theodor Hartig in seinen „Vergleichenden Untersuchungen über den Ertrag der Rothbuche", Berlin 1847, dem Gegenstande näher. Nach diesem Schriftsteller sollen die Baumdurchmesser in folgenden Fällen regelmäßig in einer gewissen Richtung größer sein als in der rechtwinklig zu dieser stehenden:

1. An Berghängen sollen die Durchmesser, welche der Richtung des größten Gefälles folgen, gewöhnlich ohne Ausnahme größer sein als diejenigen, welche in der Richtung der Horizontallinien liegen.

2. Auf ebenem Terrain sollen Structurverhältnisse des unterliegenden Gesteins häufig Veranlassung sein, daß die Durchmesser in der einen Richtung fast regelmäßig größer sind als in der anderen.

Beweise giebt Hartig für diese Annahmen, auf welche ich weiter unten noch zurückkommen werde, ebenso wenig wie C. Heyer und die übrigen Schriftsteller für die ihrigen.

Während nun von den Ansichten Th. Hartig's heute kaum noch irgendwo Notiz genommen wird, stehen die neueren Schriftsteller vollständig auf dem Boden Carl Heyer's, was bei dem Ansehen, welches dieser Schriftsteller gerade auf dem Gebiete der Forststatik noch heute mit Recht genießt, nicht auffallen kann. Es mögen hier die Aussprüche derjenigen beiden Schriftsteller Platz finden, deren Lehrbücher der Holzmeßkunst in der neuesten Zeit die größte Verbreitung gefunden und daher Praxis und Theorie am stärksten beeinflußt haben; sie können als die Vertreter der jetzt über diesen Gegenstand herrschenden Ansicht gelten.

So sagt Baur in seiner „Holzmeßkunst", 2. Auflage 1875, Seite 183:

„Wenn auch die Querflächen der Stämme nicht immer vollständige Kreise bilden, daher auch die Durchmesser nicht nach allen Richtungen hin gleich groß sind, so kommen größere Abweichungen doch nur bei stärkeren Stämmen vor. In solchen Ausnahmefällen kann man etwa möglichen Fehlern dadurch begegnen, daß man bei besonders unregelmäßig gewachsenen Stämmen die Durchmesser nach zwei verschiedenen Richtungen mit der Kluppe abgreift, das arithmetische Mittel aus beiden Messungen zieht und dieses als den wirklichen Durchmesser betrachtet und einträgt.

In allen übrigen Fällen gleichen sich solche Differenzen im Laufe der Arbeit der Wahrscheinlichkeit nach vollständig aus, da bei dem einen Baume die breiteren, bei dem anderen wieder die schwächeren Durchmesser zwischen die Kluppe genommen werden."

Aehnlich wie Baur so steht auch Kunze (Die Holzmeßkunst 1873, Seite 165) im Ganzen auf dem E. Heyer'schen Standpunkte, wenn er sagt:

„Meistens wird es genügen von jedem Stamme nur einen Durchmesser zu messen. Sollten jedoch Stämme von besonders unregelmäßiger Grundfläche vorkommen, so greift man zwei sich rechtwinklig schneidende Durchmesser ab und nimmt das Mittel aus diesen beiden Messungen als wahren Durchmesser an."

Sehen wir uns nunmehr nach dieser Durchmusterung der forstlichen Literatur darnach um, welche Beobachtungen die Botaniker über die Querform der Baumstämme angestellt haben.

Der Franzose M. Ch. Mussel legte im Jahre 1867 der französischen Akademie der Wissenschaften Untersuchungen über den elliptischen Querschnitt der Bäume vor. Die Messungen an mehreren tausend Stämmen hatten ergeben, daß dieselben sämmtlich von Ost nach West ausgebaucht waren. Wenngleich es außerhalb der Tendenz dieser Abhandlung liegt, auf die Erklärung dieser Erscheinung näher einzugehen, so mag hier doch nicht unerwähnt bleiben, daß Mussel letztere auf die durch die Umdrehung der Erde hervorgerufene Centrifugalkraft zurückführt.[1])

---

[1]) Comptes rendus Vol. 65, 1867 p. 424:

L'observation directe de plus de quatre cents arbres me conduit à affirmer que tous ont un tronc elliptique et que le grand axe de l'ellipse est sensiblement dirigé de l'est à l'ouest. Cette direction oscille entre des limites restreintes et ces variations, toujours légères, dépendent de causes accidentelles qu'il est facile d'apercevoir . . . . L'observation signale le même fait pour des branches, principalement pour les plus anciennes.

Puisque la force centrifuge développée par la rotation de la terre déire de la verticale tout corps tombant en chute libre, et que la même cause, selon M. Babinet, incline vers la droit les cours d'eau, il ne me parait pas irrationel d'admettre que les arbres subissent la même influence: si l'action de cette force est faible, n'oublions pas qu'elle est continue et de longue durée"

und weiter p. 495:

Aujourd'hui ce nest plus sur l'examen de quelques centaines d'arbres mais de plusieurs milliers, que je base mon hypothese. En effet, tous les arbres observés, ont montré leurs tronc aplati très-sensiblement du nord au midi et renflé du levant au couchant.

Dagegen erklärt J. Sachs den elliptischen Querschnitt an der Hand der von dem Engländer Knight angestellten Versuche aus der die Ausbauchung des Holzringes begünstigenden Verminderung des Rindendrucks auf der dem Winde zu- und der von ihm abgekehrten Seite,[1]) eine Erklärung, welche auch von Nördlinger, den ich deshalb

---

Dans le but de mieux déterminer la direction du renflement de la tige, je me suis servi de la boussole dont la déclination est à Toulouse d'environ 18° 30'; et je me crois en droit d'affirmer que cette direction est inclinée vers le sud et correspond au rumb est-sud-est. L'angle qu'elle forme avec l'est et l'ouest est donc de 22° 30' et égale à l'angle du plan de l'écliptique sur le plan de l'équateur. Cette déviation constante et que j'ai par moi-même constatée sur toute espèce d'arbres vieux et non transplantés, pris au hasard et à une exposition quelconque peut d'abord ébranler la conviction. Mais les expériences sur la chute des corps, faites en Italie par Guglielmini et répétées en Allemagne par Bezemberg et Reich, prouvent que le doute n'est pas fondé. Ces expériences, en effet, ont constamment donné une déviation est-sud-est, en non point est, comme l'indiquaient les calculs de Laplace et de Gauss. Ce parallélisme entre la direction du grand axe de l'ellipse des tiges et celle qu'imprime la force centrifuge développée par la rotation de la terre aux corps tombant en chute libre, me sembre démontrer que la forme des troncsd'arbre est réellement due aux mouvements qui entraînent notre planète. Je ferai remarquer seulement que les arbres dont l'écorce est lisse sont les plus propres à cet examen. La forme elliptique des arbres à écorce rugueuse n'est sensible à œil lorsqu'ils sont vieux et non déformés pas une cause purement accidentelle."

[1]) J. Sachs, Lehrbuch der Botanik. 3. Auflage. Leipzig 1873, Seite 723: „Knight befestigte junge Apfelbäume von ungefähr 1 Zoll Stammdurchmesser so, daß ihr unterer 3 Fuß hoher Theil unbeweglich wurde, während der obere Stammtheil mit der Krone sich unter dem Druck des Windes beugen konnte. Während der Vegetationszeit nun nahmen die oberen beweglichen Stammtheile beträchtlich, die unteren unbeweglichen nur wenig an Dicke zu. Es ist dies leicht erklärlich, wenn man beobachtet, daß durch die Hin- und Herbiegungen der oberen Stammtheile unter dem Wind die Rinde jedesmal auf der convexen Seite gedehnt und so gelockert werden mußte, daß also der Druck der Rinde an diesen Stellen immer etwas geringer war als an den unteren und unbeweglichen Partien der Bäumchen. Diese Deutung wird noch ganz besonders dadurch bestätigt, daß bei einem der Bäumchen, welches sich unter dem Winde ausschließlich nach Nord und Süd bewegen konnte, der Durchmesser des Holzes in dieser Richtung so zunahm, daß er sich zu dem ostwestlichen wie 13:11 verhielt. Es liegt auf der Hand, daß die hier angegebene Erklärung viel näher liegt als die von Knight selbst, der die Saftbewegung ʃim Holz durch die vom Wind veranlaßten Schwankungen des Stammes begünstigt sein läßt."

bei den Botanikern anführe, weil er diesen Gegenstand zuerst in seiner „Deutschen Forstbotanik" (I. Band, Seite 186 ff.) behandelt, den ich aber in gleichem Maße als forstliche Autorität in Anspruch nehme, für die richtige hält.[1]) Eine ausführliche Betrachtung widmet von Nördlinger unserem Gegenstande in seinem Aufsatze über „Ovale Form des Schaftquerschnittes der Bäume" (Centralblatt für das gesammte Forstwesen 1882, Maiheft S. 204); er führt hier folgende physiologische Momente als Ursachen des elliptischen oder excentrischen Baumquerschnittes an:

1. Windige Freilage.
2. Aufreißen der Rinde im höheren Baumalter.

Dies hat bald einen nur wellenförmigen Umfang (z. B. bei Robinien, Hainbuchen, italienischen Pappeln ꝛc.) zur Folge, bald aber, z. B. beim Bersten der äußersten Rindeschichten an sommerlichen Waldtraufen, veranlaßt es einseitige Ausbauchung.

3. Schiefe Stellung der Stämme veranlaßt eine unsymmetrische Ablagerung der Holzringe. Laubhölzer haben in diesem Falle breitere Jahrringe auf der dem Himmel zugekehrten Seite, während umgekehrt bei Nadelhölzern die größte Breite sich unten findet.[2])

4. Der Einfluß der Astbildung giebt sich darin kund, daß ein lebender Ast häufig die Ausbauchung an der betreffenden Seite begünstigt, wogegen ein abgestorbener Ast häufig Abplattung der betreffenden Schaftseite veranlaßt.

5. Sehr erheblich ist die Einwirkung des Wurzelsystems besonders bei älteren Stämmen auf flachgründigem Boden und an Berghängen. Diese Erscheinung wird dadurch befördert, daß die Horizontalwurzeln ihre Holzmasse bis auf eine gewisse Entfernung vom Stamme auf ihrem Rücken in Form außerordentlich breiter excentrischer Ringe ablagern.[3])

---

[1]) Vergl. auch von Nördlinger, der Holzring als Grundlage des Baumkörpers. Stuttgart 1872, Seite 23 und Kritische Blätter, 52. Band, 1. Heft, Seite 253.

[2]) Hierüber theilt von Nördlinger bereits Beobachtungen in seinem „Holzring" Seite 22 mit.

[3]) a. a. O. Seite 24: „Diese Auflagerung ist so beträchtlich, daß stärkere Wurzeln dabei in wenigen Jahren eine Handbreit sich erhöhen können."

Es erhellt hieraus, daß die Baumquerfläche das complicirte Product der verschiedensten Tendenzen sein kann. Ueberblickt man die von v. Nördlinger aufgezählten, eine elliptische Querform begünstigenden Factoren, so ergiebt sich, daß sich dieselben aus dem Gesichtspunkte ihres wahrscheinlichen Einflusses auf die Ergebnisse der Bestandskluppirungen in zwei Gruppen zerlegen lassen. In die erste Gruppe gehören diejenigen Einwirkungen, welche in demselben Bestande stets in constanter Richtung sich geltend machen und daher — wenn sie in stärkerem Grade auftreten — das Messungsresultat bei der Einzelkluppirung nothwendig beeinflussen müssen. Hierher ist vor Allem der Einfluß des vorherrschenden (West-)Windes zu rechnen. Ferner gehört zu dieser Gruppe die an Hängen bei manchen Holzarten auftretende Schiefstellung der Bäume (hangabwärts) und das Aufreißen der Rinde an Südrändern, zuweilen auch eine durch steile Hänge veranlaßte Ausbildung von starken Horizontalwurzeln nach seitwärts.

Die zweite Gruppe bilden dagegen diejenigen Factoren, welche in den verschiedensten Richtungen wirken und daher der Wahrscheinlichkeit nach auf das Resultat der Einzelkluppirung kaum einwirken. Hierher sind zu zählen, der Einfluß der Astbildung in den meisten Fällen, der der Wurzeln in ebener Lage und die Schiefstellung, sobald sie nicht, wie häufig am Hange oder in exponirter Lage, in einer constanten Richtung auftritt.

Die Ansichten der Schriftsteller der Holzmeßkunst und die der Botaniker möchte ich nun im Allgemeinen dahin charakterisiren, daß Erstere nur an die Einwirkungen der zweiten Gruppe glauben, während die Botaniker beiden Gruppen einen Einfluß einräumen. Th. Hartig nimmt insofern eine Zwischenstellung ein, als er zwar im Allgemeinen den forstlichen Schriftstellern sich anschließt, aber unter gewissen Verhältnissen von einer ausgebauchten Querfläche in constanter Richtung spricht.

Diese Divergenz der Ansichten forderte zu einer umfassenden Untersuchung der Einwirkung der vorstehend aufgeführten physiologischen Factoren, namentlich derjenigen der ersten Gruppe, auf die Bestandsmassenaufnahme auf. Dieselbe ist in consequenter Weise mehrere Jahre hindurch auf einer großen Anzahl der bei der hiesigen Versuchsanstalt und der Herzoglichen Forsteinrichtungs-Anstalt zur Aufnahme gelangten Versuchsflächen, sowie auf besonders zu diesem Zwecke eingelegten Probeflächen, durchgeführt, so daß heute ein ziemlich ausgedehntes Material,[1] namentlich für die Buche, vorliegt, dessen Mitbenutzung für vorliegende Veröffentlichung mir höheren Orts bereitwilligst gestattet wurde.

Tabelle I. Die Resultate der Untersuchungen, soweit letztere in der Ebene und an schwächer geneigten Hängen vorgenommen sind, habe ich in Tabelle I. zusammengestellt. Die Ueberficht, deren Einrichtung keiner weiteren Erläuterung bedürfen wird, als daß die Kluppirungen mit Abstufung der Durchmesser nach vollen Centimetern ausgeführt sind, enthält:

für die Buche 41 Versuchsflächen,
" " Eiche 23 "
" " Kiefer 6 "
" " Fichte 2 "
im Ganzen 72 Versuchsflächen.

Aus Columne 16 ist ohne Weiteres ersichtlich, daß größere Abweichungen in den Ergebnissen zweier rechtwinklig zu einander ausgeführten Kluppirungen desselben Bestandes recht häufig, keineswegs aber nur ausnahmsweise, wie die Schriftsteller der Holzmeßkunst annehmen, vorkommen. Bei der Buche beträgt diese Abweichung:

in 4 Fällen bis 1 pCt.
" 8 " über 1 bis 2 pCt.
" 2 " " 2 " 3 "
" 3 " " 3 " 4 "
" 6 " " 4 " 5 "
" 5 " " 6 " 7 "
" 5 " " 7 " 8 "
" 2 " " 8 " 9 "
" 2 " " 9 " 10 "
" 2 " " 10 " 12 "
" 1 Falle " 12 " 14 "
" 1 " sogar 22,8 pCt.

und die durchschnittliche Abweichung $\frac{230{,}0}{41} = 5{,}6$ **pCt.**

Fast mehr noch als die Buche scheint die Eiche zur elliptischen Querflächenform hinzuneigen. Während die Buche mehr unregelmäßig

---

[1] Theilweise verdanke ich dasselbe der gütigen Mitwirkung der Herren Oberförster Ulrichs und Heyser, sowie Forstassistenten Schreiber, Culemann und Nehring, denen ich für ihre Mühwaltungen hiermit öffentlich meinen besten Dank ausspreche.

geformte Querschnitte bildet, sind der Eiche regelmäßig ovale Flächen eigen. Die Abweichungen halten sich bei letzterer Holzart innerhalb engerer Grenzen, sind aber im Mittel größer als bei der Buche; ich habe folgende zu verzeichnen:

in 1 Falle über 3 bis 4 pCt.
„ 1 „ „ 4 „ 5 „
„ 7 Fällen „ 5 „ 6 „
„ 6 „ „ 6 „ 7 „
„ 4 „ „ 7 „ 8 „
„ 2 „ „ 8 „ 9 „
„ 1 Falle „ 9 „ 10 „
„ 1 „ „ 10 „ 11 „

im Durchschnitt $\frac{156{,}2}{23} =$ **6,8** pCt.

Auch die Kiefer, im Querschnitte der Eiche ähnlich, hat bedeutende Abweichungen aufzuweisen, nämlich:

nur in 1 Falle über 1 bis 2 pCt.
„ 1 „ „ 5 „ 6 „
„ 1 „ „ 6 „ 7 „
„ 1 „ „ 10 „ 11 „
„ 2 Fällen „ 12 „ 13 „

durchschnittlich $\frac{50{,}4}{6} =$ **8,4** pCt.

Von der Fichte liegen nur zwei Untersuchungen vor und diese scheinen darauf hinzudeuten, daß diese Holzart in ihren Querflächen am meisten der Kreisform sich nähert, was ich übrigens auch bei zahlreichen von mir ausgeführten Stamm-Analysen bestätigt gefunden habe.

Im Allgemeinen aber zeigen die Untersuchungen, daß die kreisförmige Querscheibenform nur selten — von den untersuchten Holzarten am ehesten noch bei der Fichte — vorkommt und namentlich, daß die Durchmesser weit häufiger in einer bestimmten Richtung prävaliren als bisher ziemlich allgemein angenommen wurde, sowie, daß die gewöhnliche einfache Kluppirung keine Sicherheit für ein genaues Resultat gewährt. Einer Methode, bei welcher man Gefahr läuft, unter Umständen einen Fehler von 5 ja 10 pCt. und darüber zu begehen, muß meines Erachtens jede Berechtigung abgesprochen werden, selbst für ober=

flächliche Berechnungen, umsomehr natürlich für statische Untersuchungen, bei denen man selbst die aus unrichtiger Bestimmung der Richthöhe entspringenden Fehler innerhalb der Grenze von etwa 1 bis 2 pCt. halten kann.[1])

Im Einzelnen geben mir die Ergebnisse noch zu einigen Bemerkungen Veranlassung.

Bei genauerer Durchsicht der Tabelle findet man die Beobachtung Musset's, daß die Durchmesser in west-östlicher Richtung die größeren seien, in den meisten Fällen allerdings bestätigt, aber derselbe geht offenbar viel zu weit, wenn er meint, jeder Stamm habe einen größeren ost-westlichen Durchmesser. Eine derartige Negirung des Einflusses der oben nach von Nördlinger namhaft gemachten übrigen Factoren entspricht thatsächlich der Wirklichkeit nicht. Wenn Musset sein Gesetz bei der Messung mehrerer tausend Stämme ausnahmslos bestätigt gefunden hat, so ist mit Sicherheit anzunehmen, daß es Einzelstämme in sehr exponirter Lage gewesen sind. Meine Untersuchungen ergeben zwar auch, daß in nur einigermaßen exponirten Lagen der Wind stärker als die übrigen Momente auf die Querflächen einwirkt, indessen haben darum bei Weitem nicht alle Stämme einen größeren Ostwestdurchmesser, vielmehr bedingen offenbar die übrigen Einflüsse in vielen Fällen einen größeren Durchmesser auch in anderen Richtungen. Als Beleg dafür, daß dergleichen Fälle selbst in solchen Beständen nicht ganz selten sind, in denen die summarische Fläche der OW-Durchmesser bedeutend größer ist, als die der NS-Durchmesser, möge folgende Untersuchung dienen. In dem Buchenbestande sub Nr. 17 der Tabelle I. wurden sämmtliche Durchmesser in beiden ebengenannten Richtungen auf Millimeter genau erhoben. Die Berechnung ergab ein Kreisflächen-Plus für die OW-Durchmesser von 12,9 pCt., trotzdem aber hatten nur 88,3 pCt. der Stämme größere Durchmesser in ost-westlicher Richtung, 1,8 pCt. hatten kreisrunde Querflächen und 9,9 pCt. einen größeren nord-südlichen

---

[1]) In der Allgemeinen Forst- und Jagdzeitung 1863, Seite 170, sind zwei Untersuchungen aufgeführt, bei denen sich mit der Draudt'schen Methode in dem einen Falle ein Fehler von —1,2 pCt., in dem anderen ein solcher von + 0,1 pCt. ergeben hat. Ferner theilt Weise (Ertragstafeln für die Kiefer. Berlin 1880, Seite 12) fünf Untersuchungen mit, von denen jedoch eine auszuschließen ist; die übrigen vier, nach der Methode der forstlichen Versuchsanstalten (Urich) ausgeführten Aufnahmen haben einen durchschnittlichen Fehler von 2 pCt. ergeben.

Durchmesser. Nur einige Fälle kamen vor, in welchen sich das Gesetz ausnahmslos bestätigte, der eclatanteste war folgender:

Bei Ordn. Nr. 39 der Tabelle I. ergaben die beiden Messungen über's Kreuz so sehr von einander abweichende Resultate (Verhältniß der beiden Kreisflächensummen NS : OW = 100 : 122,8!), daß man die Aufnahme zu wiederholen für nöthig befand, wobei jedoch lediglich die Richtigkeit der ersten Aufnahmen bestätigt und weiter constatirt wurde, daß von den 93 gemessenen Stämmen kein einziger in der NS=Richtung den größeren Durchmesser aufzuweisen hatte, nur

5 Stämme hatten einen gleichen Durchmesser (auf cm genau), während bei

5 Stämmen	der	Durchmesser	um	1 cm	in der	OW=Richtung
16	"	"	"	2	"	"	"
20	"	"	"	3	"	"	"
26	"	"	"	4	"	"	"
10	"	"	"	5	"	"	"
6	"	"	"	6	"	"	"
4	"	"	"	7	"	"	"
5	"	"	"	8	"	"	"
1	"	"	"	9	"	"	"

größer war als in der Nord=Süd=Richtung.

Eine andere Untersuchung mag hier noch speciell erwähnt werden, wenngleich sie außerhalb des Waldes und an einer Holzart ausgeführt ist, welche für die Holzmeßkunst ohne Bedeutung ist, nämlich an der späten canadischen Pappel, Populus serotina Th. Htg. Der Braunschweig=Riddagshäuser Communicationsweg verläuft zunächst von W. nach O. und wendet sich dann im rechten Winkel nach N.; an demselben stehen an der einen Seite in alleemäßiger Entfernung hohe starke Stämme der genannten Holzart, deren weit ausgelegte Kronen bereits seit längerer Zeit in einander greifen. Der Boden ist ein äußerst tiefgründiger fein=

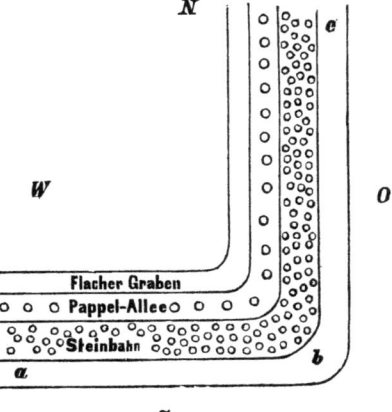

körniger trockener Diluvialsand, die Lage ist eben und nach allen Seiten sehr exponirt. Die Untersuchung ergab, daß sämmtliche Stämme durch den Westwind etwas nach O. geschoben und daß starke die Schaftquerform beeinflussende Seitenwurzeln nicht vorhanden waren. Die Stammquerflächen waren auf den beiden Wegetracten (ab und bc) verschieden gestaltet. An dem nordsüdlichen Zuge hatten sämmtliche (34) Stämme einen überwiegend größeren OW= Durchmesser (+ 2,2 bis 10,7 cm bei 60,4 cm Mittelstamm), so daß die Kreisflächen=Differenz beider Richtungen 21,6 pCt. betrug. An dem ostwestlichen Tractus dagegen näherten sich die Querflächen weit mehr der Kreisform, die Abweichnung von derselben war nur gering; 17 Stämme hatten in ost=westlicher, 73 in nord=südlicher Richtung einen etwas größeren Durchmesser, zwei Stämme waren völlig kreis= rund, die Kreisfläche der OW=Durchmesser blieb um 4,0 pCt. hinter der anderen zurück. Diese auffällige Verschiedenheit der Querflächen kann nicht wohl ausschließlich durch den Wind und die Schiefstellung veranlaßt sein, weil diese beiden Factoren auf alle Bäume in gleicher Weise hätten einwirken müssen. Da es mir ferner im vorliegenden Falle nicht wahrscheinlich erscheint, daß der äußerst flache und niemals wasserführende Graben auf die Querflächen influirt hat, so ist die ver= schiedene Form derselben an den beiden Wegetracten meines Erachtens am einfachsten dadurch zu erklären, daß neben dem Winde und der Schiefstellung auch der Kronen= nnd Astbildung eine wesentliche Ein= wirkung auf die Querflächen zugeschrieben wird: an dem Zuge ab wird der Einfluß des Windes und der Schiefstellung durch den der Kronen= einengung und dadurch bedingten Astbildung paralysirt sein, während an dem Zuge bc alle Factoren, in gleicher Richtung wirkend, die be= deutende Ovalität veranlaßt haben werden.

Daß neben diesen Momenten auch die Insertionen starker horizontal streichender Wurzeln (f. o. von Nördlinger) einen Einfluß auf die Querform ausüben können, habe ich u. a. in ausgeprägter Weise an alten Eichen=Oberständern (62,5 cm Mittelstamm) eines auf schwerem, ziemlich flachgründigem Jura=Thonboden stockenden Mittelwaldes im Forstorte Buchhorst, Revier Querum, bestätigt gefunden. Von 100 Stämmen mit einer nach allen Seiten frei ausgebildeten Krone hatten 96 einen größeren OW=Durchmesser, bedingt durch die vereinte Wirkung in erster Linie des herrschenden Windes, in zweiter Linie der Wurzelbildung; die größeren NS=Durchmesser der übrigen 4 Stämme waren, wie deutlich ersichtlich, allein starken Horizontalwurzeln zuzuschreiben. Das mittlere Plus der OW= gegen die NS=Durchmesser betrug 2,96 cm, die OW=Kreisfläche war um 9,5 pCt. größer als die NS=Fläche.

Einer besonderen Erörterung bedarf die Frage:
> in welcher Richtung an Berghängen die größeren Durchmesser liegen.

Th. Hartig hat, wie oben bereits bemerkt ist, die Ansicht vertreten, daß die an Hängen wachsenden Stämme den größeren Durchmesser stets in der Richtung des größten Gefälles anlegen. Mit von Nördlinger muß dagegen angenommen werden, daß an Hängen in constanten Richtungen auf den Querschnitt hauptsächlich einwirken:
> der Wind,
> die Schiefstellung der Stämme und häufig auch
> die Wurzelbildung, namentlich dann, wenn starke seitlich ausstreichende Wurzeln vorhanden sind.

Zunächst ergab eine vergleichende Untersuchung, daß Ebene und sanft geneigte Hänge bei der Kiefer, welche, gleich der Fichte und Tanne, nicht in so hohem Maße wie die Laubhölzer sich am Hange schief stellt, annähernd gleichgeformte Querflächen aufzuweisen haben. Der unter Ordn. Nr. 69 aufgeführte Kiefern=Probebestand befindet sich an einem sanft geneigten Westhange und stockt auf tiefgründigem ziemlich trockenem Sandboden über Keupersandstein. Die Ergebnisse der Kluppirungen dieses Ortes verhalten sich $NS:OW = 100:112{,}8$. In unmittelbarer Nähe dieser Fläche, aber auf dem Plateau sind nun weitere 271 Stämme kluppirt (Ordn. Nr. 70), wobei sich fast dieselbe Differenz, wie auf der geneigten Fläche ergeben hat, nämlich $NS:OW = 100:112{,}4$. Hieraus schien mir hervorzugehen, daß man, um zu ermitteln, welches der vorhin genannten Momente am Hange am stärksten auf die Querflächen einwirkt, möglichst steile Berglagen auszuwählen habe. Die Ergebnisse der demgemäß ausgeführten Messungen finden sich in Tabelle II zusammengestellt. Es sind vorzugsweise Buchenbestände, außerdem aber zwei Fichtenbestände und ein Lärchenbestand zur Untersuchung herangezogen. Aus der Uebersicht ist ersichtlich, daß sowohl in den Buchen= als auch in den Fichtenbeständen

Tabelle II.

1) bei allen Nord- und Südhängen die Horizontaldurchmesser und
2) bei den Ost- und Westhängen die Gefälldurchmesser

die größere Kreisfläche ergeben.

Von dieser Regel weicht nur ein Osthang (Ordn. Nr. 14) ab, was darin seinen Grund haben dürfte, daß derselbe, wie kein zweiter, gegen Wind vollständig geschützt ist. Bei allen übrigen Beständen scheint dagegen auch an den Berghängen, wie in der Ebene, der Factor Wind stärker einzuwirken als die übrigen Momente. Daß sich letztere übrigens ebenfalls geltend machen, zeigt die mehr oder weniger große Zahl derjenigen Stämme, welche den größeren Durchmesser in der NS-Richtung angelegt haben. (cfr. Tabelle II.)

Eine weitere Abweichung von obiger Regel zeigt der unter Nr. 15 aufgeführte Lärchenbestand, dessen größere Durchmesser der Mehrzahl nach in der NS- (horizontalen) Richtung liegen. Da es mir jedoch an Gelegenheit gefehlt hat, noch weitere Bestände dieser Holzart nach dieser Richtung zu prüfen, so constatire ich hier einfach diese Thatsache und behalte mir weitere bezügliche Untersuchungen für später vor.

Von Bedeutung ist auch die Frage:

ob die procentische Abweichung der aus den OW-Durchmessern berechneten Kreisfläche gegen die der NS-Durchmesser in stärkeren Beständen größer ist als in schwächeren?

Dieser Nachweis ist nicht überall leicht zu führen, da nicht sehr häufig mehrere verschiedenalterige Bestände unter ganz gleichen Verhältnissen neben einander vorkommen. Nur bei den Eichenbeständen (Tabelle I, Ordn. Nr. 42 bis 49 und 62 bis 64) findet sich eine Serie mit so völlig gleichartigen Standortsverhältnissen, daß dieselbe einen, wie ich glaube, sicheren Schluß in dieser Richtung gestattet. Die betr. Bestände gehören zwei Alters- resp. drei Stärkeclassen an: acht davon sind 31—40jährig mit $11{,}5$ bis $15{,}6$ cm mittlerem Durchmesser, zwei sind 85jährig mit $28{,}9$ und $30{,}5$ cm mittl. Durchmesser, der letzte endlich ist 90jährig und hat, weil weitständig erwachsen, einen mittleren Durchmesser von $59{,}9$ cm. Die Kreisflächen-Differenz (OW gegen NS) beträgt für die Gruppe von

$12{,}2$ bis $15{,}6$ cm im Mittel $5{,}78\,\%$ ($3{,}8 - 7{,}5$)
$28{,}9$ „ $30{,}5$ „ „ „ $8{,}25$ „ ($6{,}7 - 9{,}8$)
$58{,}9$ $11{,}0$ „

Hiernach steigt die procentische Abweichung ceteris paribus mit dem Alter bezw. der Stärke der Bestände; daß dieselbe aber bereits in geringen Stangenhölzern häufig so groß ist, daß auch in diesen eine einfache Kluppirung für genauere Aufnahmen nicht ausreicht, läßt Tabelle I zur Genüge ersehen.

Die Th. Hartig'sche Angabe, daß die Abnormität der Querflächen in der Ebene in gewissen Fällen auf die Structurverhältnisse des Grundgesteins zurückzuführen sei, bestätigt sich durch die vorliegenden Untersuchungen nicht, wenigstens ist in keinem Falle (die Kluppirungen sind auf Diabas, Thonschiefer, Buntsandstein, Muschelkalk, Keupersandstein und Jura ausgeführt) ein nachweisbarer Einfluß des Gesteins auf die Baumquerform beobachtet.[1]

Kann nach dem Vorstehenden für wissenschaftliche Untersuchungen die Kluppirung über's Kreuz jedenfalls nicht entbehrt werden, so ist im Weiteren die Frage zu erörtern:

> in welcher Weise die Durchmesser der so gemessenen Stämme zu buchen und nach welcher Methode deren Kreisflächen zu berechnen sind.

Sieht man von denjenigen Berechnungsarten, welche in praxi bei umfangreicheren Arbeiten nicht durchgeführt werden können, ab, so kommen hauptsächlich nur zwei Methoden in Betracht:

1. Man berechnet die Kreisflächen für die arithmetisch-mittleren Durchmesser (Methode der Versuchsanstalten).

---

[1] Beiläufig mag hier endlich noch erwähnt werden, daß von botanischer Seite (P. Kaiser, Ueber die tägliche Periodicität der Dickendimensionen der Baumstämme. Inaugural-Dissertation. Halle 1879) Untersuchungen über die täglichen Schwankungen der Baumstärke vorgenommen sind. Kaiser hat gefunden, daß die Baumdurchmesser vom frühen Morgen bis in die ersten Nachmittagsstunden stetig an Größe abnehmen und um diese Zeit ein Minimum erreichen. Von da an vergrößert sich der Durchmesser wieder und erreicht gegen Eintritt der Dunkelheit ein erstes (kleines) Maximum. Nach kurzem Sinken steigt die Durchmessergröße wiederum und erreicht gegen die Zeit der Morgendämmerung ein großes Maximum, um dann wieder zu fallen.

An den von Kaiser untersuchten (4 bis 6 cm starken) vierzig Stämmen verschiedener Dicotylen sind allerdings nur Maximal-Schwankungen von 0,2 bis 0,4 mm constatirt, welche bei dendrometrischen Aufnahmen kaum in's Gewicht fallen dürften. Indeß scheint es angezeigt, diese täglichen Durchmesser-Veränderungen auch an stärkeren Stämmen zu untersuchen, da möglicherweise bei solchen stärkere Schwankungen vorkommen.

Formel: $\left[\left(\dfrac{d_{,}+d_{,,}}{2}\right)^2+\left(\dfrac{\delta_{,}+\delta_{,,}}{2}\right)^2+\cdots\right]\dfrac{\pi}{4}$.

2. Man legt die halbe Summe der den sämmtlichen gemessenen Durchmessern zugehörigen Kreisflächen der Rechnung zu Grunde.

Formel: $\dfrac{(d_{,}^2+d_{,,}^2+\delta_{,}^2+\delta_{,,}^2+\cdots)\dfrac{\pi}{4}}{2}$

Erstere Methode muß, wie sich mathematisch leicht erweisen läßt, das kleinere Resultat ergeben und zwar ist die Differenz, wie schon Schmidtborn in seinen Untersuchungen über die Verwendbarkeit verschiedener Formeln zur Berechnung von Stammquerschnitten[1]) anführt, für den einzelnen Stamm $=\dfrac{d_{,}-d_{,,}}{16}\cdot\pi$. Die Differenz ist also um so geringer, je mehr sich die Querflächen der Kreisform nähern.

Für Bestandskluppirungen hat sich nun durch die von mir angestellten Rechnungen ergeben, daß die Abweichung der Resultate beider Formeln von einander eine zu geringe ist, als daß man dieserhalb eine der beiden von der Anwendung auszuschließen berechtigt wäre.

Die Untersuchungsergebnisse sind folgende:

Nummer der Untersuchung	Stammzahl	Mittel-Durchmesser cm	Kreisfläche, berechnet nach der Methode sub qm		Procentische Abweichung 1 gegen 2
			1	2	
1	829	25,8	43,276	43,338	0,1
2	964	24,1	43,938	43,980	0,1
3	237	22,4	9,340	9,342	0,02
4	570	24,4	26,546	26,588	0,16

Die vorstehend vermerkten Abweichungen kommen jedenfalls den Fehlern gegenüber, welche man bei der Einzelkluppirung begeht, sowie im Vergleich zu den weiter unten noch zu behandelnden Fehlerquellen gar nicht in Betracht und ist es deshalb gerechtfertigt, wenn man sich in der Praxis nicht für diejenige Formel entscheidet, welche mathematisch die schärfsten Resultate ergiebt, sondern diejenige wählt, welche die meisten praktischen Vortheile bietet. Diese aber sind der zweiten

---

[1]) Allgemeine Forst- und Jagdzeitung 1863, Seite 408.

Methode eigen, da das erste Verfahren mit folgenden Mängeln behaftet ist:

1. ist der Protocollführer gezwungen, aus den Anrufungen des Kluppenführers sofort erst im Kopfe das arithmetische Mittel der beiden Durchmesser jedes Stammes zu berechnen, bevor er letzteren buchen kann. Es ist aber begreiflich, daß hierbei weit leichter Irrthümer unterlaufen können, als wenn, wie dies bei der zweiten Methode geschieht, jeder angerufene Durchmesser sofort nach dem Anrufen eingetragen wird.

2. Bei dem ersten Verfahren kann ferner, eben wegen der Rechnungen, welche der Beamte während der Arbeit auszuführen hat, stets nur ein einziger Kluppenführer beschäftigt werden, während die zweite Methode die gleichzeitige Beschäftigung von zwei, oft sogar von drei Arbeitern zuläßt.

3. Wird bei beiden Methoden mit gleichen Durchmesserstufen kluppirt, so erfordert das erste Verfahren eine annähernd doppelt so große Anzahl Rubriken im Aufnahmebuche und mithin beim Aufschlagen der Kreisflächen die doppelte Zeit gegenüber dem zweiten Verfahren. Wird beispielsweise nach vollen Centimetern kluppirt, so müssen im Manuale bei der ersten Methode auch Rubriken für die zwischenliegenden halben Centimeter vorhanden sein.

Diese der ersten Methode anhaftenden Mängel haben die hiesige Versuchsanstalt dazu veranlaßt, nur noch nach dem zweiten Verfahren arbeiten zu lassen.

Wenn nun auch nach Vorstehendem für wissenschaftliche Aufnahmen die Doppelkluppirung künftig als Regel gefordert werden muß, so wird man doch diese Methode wegen des größeren Zeitaufwandes, welchen sie verlangt, für die meisten Zwecke der Praxis nicht ohne Weiteres anwenden wollen. Daher ist schon Th. Hartig mit Erfolg bemüht gewesen, eine Methode der Einzelkluppirung ausfindig zu machen, welche bei nicht größerem Aufwande als die gewöhnliche Einzelkluppirung doch weit genauere Resultate liefert als diese. Hartig schildert diese Methode (a. a. O.) mit folgenden Worten:

"Mißt man (nun) die Bäume bei diesem streifenweisen Durchziehen der Probefläche der Art, daß im ersten Zuge die Schulter, im zweiten das Gesicht oder der Rücken des Messenden der Ausgangsseite des Probemorgens zugekehrt ist und so abwechselnd Zug um Zug, so erhält man ziemlich dasselbe Resultat, welches die doppelte Messung des Baumes ergiebt."

Dieses Verfahren ist auffallender Weise von den neueren Schriftstellern ganz unbeachtet gelassen, was man sich nur dadurch zu erklären vermag, daß der ziemlich allgemein verbreitete Glaube an die hinreichende Genauigkeit der gewöhnlichen Einzelkluppirung, bei welcher sämmtliche Durchmesser stets in derselben Richtung abgegriffen werden, selbst eine so einfache Vorsichtsmaßregel, wie sie die Hartig'sche Methode ist, als überflüssig erscheinen ließ.

Da sich diese Annahme als haltlos erweist, so liegt es im Bereich der Aufgabe, welche ich mir gestellt habe, zu constatiren — was von Hartig selbst nicht geschehen ist — in wie weit dessen Verfahren geeignet sei, die zeitraubendere Doppelkluppirung zu ersetzen, und habe ich dieserhalb folgende Untersuchungen angestellt:

1. Auf einer nach S sanft geneigten 0,5 ha großen 80jährigen Buchen-Probefläche über Muschelkalk (No. 17 der Tabelle I) sind gemessen:

beim 1. Durchgange 22 Stämme, beim 2. Durchgange 28 Stämme
„ 3. „ 23 „ „ 4. „ 29 „
„ 5. „ 22 „ „ 6. „ 39 „
„ 7. „ 36 „ „ 8. „ 74 „

bei den ungeraden Durchgängen 103 Stämme, bei den geraden Durchgängen 170 Stämme.

Bei der Doppelkluppirung resultirte aus der Messung:

in der Gefällrichtung NS . . . . 15,203 qm Querfläche
in der horizontalen Richtung OW . . . . 16,923 „ „

das Mittel der Querflächen beträgt . . . . 16,063 qm Querfläche.
Eine Kluppirung nach Hartig (die ungeraden Durchgänge in NSlicher, die geraden in OWlicher Richtung) ergab . . . . . 16,230 qm.

Während die beiden Einzel-Ergebnisse der Doppelkluppirung um ± 5,4 pCt. von dem Kreisflächen-Mittel abweichen, beträgt die Differenz der Hartig'schen Kluppirung gegen letzteres nur + 1,0 pCt.

2. Auf Fläche 37 (cfr. Tabelle I), einer 1 ha großen, ebenen, 120jährigen Buchen-Probefläche, ergab die Kluppirung:

in der OW-Richtung . . . . . . 38,597 qm Querfläche,
in der NS-Richtung . . . . . . 36,356 „ „

Mittel 37,476 qm Querfläche.

Bei der Hartig'schen Kluppirung wurden gemessen:

beim 1. Durchgange 43 Stämme, beim 2. Durchgange 72 Stämme,
„ 3. „ 88 „ „ 4. „ 57 „
„ 5. „ 62 „ „ 6. „ 31 „
193 Stämme, 160 Stämme.

Bei den ungeraden Durchgängen wurde in OWlicher, bei den geraden dagegen in NSlicher Richtung kluppirt, wonach sich eine Kreisfläche ergab von .... 37,552 qm.

Dieses Resultat weicht von dem Mittel der Doppelkluppirung sogar nur um + 0,2 pCt ab, während die beiden gewöhnlichen Einzelkluppirungen um ± 3,1 pCt. von dem Kreisflächen-Mittel verschieden sind.

Aus diesen beiden Untersuchungen geht hervor, daß man um so genauere Resultate mit der Hartig'schen Einzelkluppirung erzielt, je gleichmäßiger man die Stämme auf die beiden Kluppirungs-Richtungen zu vertheilen im Stande ist. Denn dem größeren Fehler der ersten Untersuchung (1,0 gegen 0,2 pCt.) entspricht die weit ungleichmäßigere Vertheilung der Stämme auf die geraden und ungeraden Durchgänge (103 : 170 gegen 193 : 160). Eine vollständig oder annähernd gleichmäßige Vertheilung ist allerdings bei der Hartig'schen Methode nur in seltenen Fällen zu erzielen, da hierzu einerseits die Bestände im Einzelnen in der Regel zu ungleich bestockt sind und andererseits auch nicht bei jedem Durchgange ein gleicher Flächenantheil abgekluppt wird.

Ich erlaube mir daher den Vorschlag, die fragliche Vertheilung der Stämme auf einem anderen Wege zu suchen. Man erzielt dieselbe meines Erachtens am einfachsten so, daß man von Stamm zu Stamm abwechselnd nach der einen oder anderen Richtung, also z. B. den ersten Stamm in der Richtung OW, den zweiten in der NS-Richtung, den dritten wieder in der OW u. s. f. kluppirt. Daß man in der That auf diese Weise noch genauere Resultate als nach der Hartig'schen Manier zu erzielen vermag, zeigen die folgenden, auf den zuletzt erwähnten Flächen gewonnenen Zahlen, welche zur leichteren Vergleichbarkeit mit den Ergebnissen der Doppel-Aufnahme und der Hartig'schen Methode hierunter zusammengestellt sind:

	Fläche No. 1.	Fläche No. 2.
	Querfläche : Quadratmeter	
I. Einzel-Kluppirung	15,203	38,597
II. „ „	16,923	36,356
Mittel	16,063	37,476
Hartig'sche Kluppirung	16,230	37,552
Methode des Referenten	16,134	37,503

Der Fehler der Methode des Referenten gegen die Doppel-Kluppirung beträgt:

auf Fläche 1 nur + 0,4 pCt. und
„   „   2 „ + 0,07 „

ist also in beiden Fällen weit geringer als bei dem Hartig'schen Verfahren (1,0 und 0,2 pCt.) und erweist sich daher erstere für die **meisten praktischen Zwecke als völlig ausreichend** und deshalb sehr empfehlenswerth. Selbst bei geringer Stammzahl und bedeutender Excentricität erhält man nach dieser modificirten Einzelkluppirung durchaus befriedigende Resultate, wie folgende Untersuchung zeigen mag. Die oben erwähnten an dem nordsüdlichen Tractus des Braunschweig-Riddagshäuser Weges stehenden 34 Stück Pappeln (60,4 cm Mittelstamm, 21,6 pCt. Kreisflächen-Differenz NS : OW) ergaben nach der

Einzel-Kluppirung NS . . . . 8,789 qm Querfläche
„   „   OW 10,686   „   „
das Mittel aus beiden betrug . . . . 9,738 qm Querfläche
die stammweise abwechselnde Messung ergab 9,776   „   „

also nur 0,4 pCt. mehr als das Mittel.

Annähernd ebenso richtige Resultate wird man erhalten, wenn man da, wo zwei Kluppenführer von einem protocollirenden Beamten beschäftigt werden, von dem einen z. B. sämmtliche Stämme in oftwestlicher, von dem anderen alle Stämme dagegen in nordsüdlicher Richtung messen läßt.

Hieran schloß sich eine weitere Ermittelung darüber, welche Fehler man beim Kluppiren dadurch begehen kann, daß man die Kluppe nicht genau in derselben Höhe anlegt, auf welche sich die anzuwendenden Formzahlen oder Massentafeln beziehen oder in welcher die Probestämme bei der Massenermittelung gemessen sind. Bei den Arbeiten für forstliche Versuchszwecke können freilich derartige Fehler in der Regel nicht vorkommen, da in den aufzunehmenden Versuchsbeständen an den Bäumen die Meßhöhe (1,3 m vom Boden) vor Ausführung der Kluppirung (meistens mittelst Oelfarbe) dauernd bezeichnet wird. Dagegen ist es bei Bestandsaufnahmen für praktische, insbesondere taxatorische Zwecke oft nicht leicht, die vorgeschriebene Meßhöhe an allen Stämmen genau einzuhalten.

Die nachfolgende Erhebung gab mir hierüber den gewünschten Aufschluß.

In einem 0,25 ha umfassenden, in ebener Lage stockenden, 73 Jahre alten Buchen=Probebestande II. Bonität wurden sämmtliche (198) Stämme in 1,10 — 1,20 — 1,30 — 1,40 — 1,50 m Höhe vom Boden, nachdem dieselben an diesen Stellen zuvor mit Oelfarbe=Zeichen versehen waren, auf Millimeter genau gemessen und danach die Querflächensummen und die Verhältnißzahlen derselben (die Kreisfläche in 1,30 m Höhe = 100 gesetzt) sowie die procentischen Abweichungen je zwei benachbarter Querflächen berechnet und in der folgenden Uebersicht zusammengestellt:

Höhe über dem Boden m	Querflächensumme qm	Verhältnißzahlen der Kreisflächen	Differenz pCt.
1,10	9,267	103,75	
			2,06
1,20	9,083	101,69	
			1,69
1,30	8,932	100	
			1,17
1,40	8,836	98,83	
			1,17
1,50	8,728	97,66	

Sodann wurden die Berechnungen nochmals für die nach vollen Centimetern abgestuften Durchmesser angestellt und hierunter zusammengestellt:

Höhe über dem Boden ha	Querflächen- summe qm	Verhältnißzahlen der Kreisflächen	Differenz pCt.
1,10	9,294	103,44	
1,20	9,116	101,44	2,00
1,30	8,986	100	1,44
1,40	8,855	98,53	1,47
1,50	8,783	97,74	0,79

Diese Ergebnisse zeigen, daß man insbesondere bei genaueren Untersuchungen, bei denen die Meßhöhe nicht zuvor dauernd bezeichnet ist, Ursache habe, auf Innehaltung der Meßhöhe bei der Kluppirung zu achten, da Abweichungen von 10 cm nach oben oder unten schon Flächenfehler von nahezu 1½ pCt. hervorrufen können. Abgesehen davon, daß abnorme Meßhöhen selbst auf völlig eben gelegenen Flächen in Folge abnormer Körpergröße, Nachlässigkeit der Arbeiter ꝛc. leicht vor= kommen können, hat es namentlich auf stärker geneigten Flächen Schwierigkeiten, sämmtliche Stämme in einer constanten Höhe vom Boden zu messen. Wendet man an Hängen die Kluppirung über's Kreuz an, so dürfte es sich empfehlen, bei jedem Stamme zuerst den Durchmesser in der Richtung des größten Gefälles zu messen, also den Arbeiter von seitwärts (in der Richtung der Horizontalen) an den Baum herantreten zu lassen. Wird dann die Meßhöhe des ersten Durch= messers auch beim Abgreifen des zweiten genau beibehalten, was dem Arbeiter nicht schwer werden dürfte, so scheint damit genügende Vor= sicht behuf Messung in der vorgeschriebenen Höhe beobachtet zu werden.

Kluppirt man dagegen auf geneigten Flächen nach der Methode von Th. Hartig oder dem vom Referenten vorgeschlagenem Verfahren, so liegt die Gefahr nahe, daß bei denjenigen Stämmen, deren Durchmesser in der Richtung der Horizontal=Linie abge= griffen werden, die Durchmesser entweder zu groß oder zu klein erhalten werden, indem bei diesen Stämmen der Kluppenführer höher oder tiefer als der Fußpunkt des Baumes steht. Hier scheint es sich zu empfehlen, den Arbeiter an diese Stämme in der Richtung des größten Gefälles abwechselnd von oben und von unten herantreten und die Durchmesser in der dem Arbeiter zuvor ein für alle Mal angegebenen Brusthöhe abgreifen zu lassen. Man kann dann mit ziemlicher Gewißheit darauf rechnen, daß die zu groß abgegriffenen Durchmesser gegen die zu klein gemessenen sich annähernd ausgleichen. Indeß dürfte diese Annahme noch näher zu prüfen sein und es möchte sich, bis dies geschehen, empfehlen, an Hängen ausschließlich die Kluppirung über's Kreuz anzuwenden.

Zu der Frage über die **weitere oder engere Abgrenzung der Stärkestufen**, welcher ich bei den Aufnahmen ebenfalls meine Aufmerksamkeit gewidmet habe, liegen bereits von Baur[1]) sechs Untersuchungen aus Fichtenbeständen verschiedenen Alters vor. Baur hat die Bestände zunächst nach halben Centimetern kluppirt, darauf nach 1, 2, 3, 4, 5 cm je zweimal, indem er einmal die überflüssigen Theile zur folgenden, das andere Mal zur vorhergehenden Stärkestufe rechnete; er äußert sich über die Untersuchungen dahin, daß man ziemlich zu demselben Resultate komme, ob man die Durchmesser in Abstufungen von 1, 2, 3, 4 oder 5 cm messe. Indeß muß dazu bemerkt werden, daß bei den weiteren Abstufungen gegenüber derjenigen von $1/2$ cm Abweichungen bis zu 4,5 pCt. vorkommen.

Referent hat den Gegenstand ebenfalls zu beleuchten gesucht und zu dem Zwecke elf Untersuchungen in Buchenbeständen verschiedenen Alters angestellt, deren Ergebnisse in Tabelle III. zusammengetragen sind. *Tabelle III.*

Zunächst sind die Durchmesser der Untersuchungsbestände auf Millimeter genau gemessen und die zugehörigen Kreisflächensummen berechnet. Sodann sind die Stärkestufen mit einer Weite von resp. $1/2$, 1, 2, 3, 4, 5 cm gebildet und danach wiederum die Kreisflächen berechnet; z. B. ist für die Abstufung nach 4 cm angenommen, daß der Bestand mit einer in 4 cm eingetheilten und mit den Zahlen 2, 6, 10, 14 . . . . beschriebenen Kluppe gemessen sei u. s. f. Neben den nach diesen verschiedenen Abstufungen sich berechnenden Kreisflächen sind die Abweichungen derselben in Procenten gegen die aus der Millimeter-Abstufung sich berechnenden und als richtig angenommenen Kreisfläche verzeichnet (Rubrik 7).

Stellt man diese Abweichungen ohne Rücksicht auf deren Vorzeichen, wie in Tabelle IV geschehen, zusammen und berechnet den durchschnittlichen Fehler für jede Abstufung, so ergiebt sich, daß man *Tabelle IV.*

---

[1]) Holzmeßkunst. 2. Aufl. S. 189.

um so genauere Resultate erhält, je enger man die Stärke=
stufen abgrenzt, denn die Abweichung wächst von 0,19 pCt. bei
½ cm in fast regelmäßigem Zunehmen bis auf 1,01 pCt. bei 5 cm
Abstufung.

Stellt man weiter die durchschnittlichen Fehler für die Bestände
von annähernd gleichem mittleren Durchmesser, also:

1. für die Bestände 1 und 2 (11,2 und 11,9 cm)
2.   „   „   „   3 bis 9 (23,7 bis 28,2 „)
3.   „   „   „   10 und 11 (41,2 und 41,3 „)

zusammen, so ersieht man (cf. Tabelle IV), daß — abgesehen von
einzelnen Abnormitäten, welche der geringeren Anzahl von Unter=
suchungen zuzuschreiben sein dürften — die Fehler innerhalb jeder Be=
standesgruppe zwar ebenfalls mit der weiteren Abstufung wachsen, daß
dieselben aber in starken Beständen stets weit geringer bleiben, als in
schwachen. Während z. B. bei Gruppe 1 der Fehler bei 1 cm Ab=
stufung schon 1,09 pCt. beträgt und bei weiterer Abstufung bis zu
1,97 pCt. anwächst, ist bei der Gruppe 3 der größte Fehler nur
= 0,24 pCt., also äußerst gering. Es erscheint hiernach durchaus ge=
rechtfertigt, wenn die „Anleitung für Durchforstungsversuche" vorschreibt,
daß bei der Kluppirung in schwächeren Beständen eine engere Abstufung
eintreten soll, als in stärkeren Beständen. Stellt man an den Genauig=
keitsgrad der Kluppirung die für praktische Zwecke jedenfalls hinreichende
Anforderung, daß der Fehler nicht über ein Procent der Millimeter=
Abstufung betragen darf, so wird man die Abstufung bei den Beständen

1 und 2 nicht über ½ cm
3 bis 9   „   „ 4 „
10 und 11 dagegen zu 5 cm und vielleicht noch

darüber annehmen dürfen. Für wissenschaftliche Zwecke hat man es in
der Hand, den Fehler in engeren Grenzen zu halten.

Kürzlich hat Lorey[1]) nachgewiesen, daß beim Abrunden auf volle
Centimeter 5 mm vernachlässigt werden müssen, nicht aber, wie dies
die Arbeitspläne der forstlichen Versuchsanstalten vorschreiben, für voll
gerechnet werden dürfen. Die Berechnungen nach dem Lorey'schen

---

[1]) Ueber Massentafeln. Programm der Universität Tübingen 1882, und
Allgemeine Forst= und Jagdzeitung 1882, Seite 141.

Verfahren sind in Tabelle III mit denen nach der Methode der Versuchsanstalten zusammengestellt. Hieraus ergiebt sich, daß die Methoden in einigen Fällen nicht ganz unerheblich von einander abweichende Resultate ergeben (die größte Differenz beträgt 1,64 pCt.). Nach der Rechnungsweise der Versuchsanstalten erhält man meistens positive, nach der von Lorey vorwiegend negative Fehler, auch sind letztere im Durchschnitte etwas geringer als erstere. Da man nun nach den oben (Seite 4) citirten Untersuchungen selbst bei der Doppelkluppirung weit eher Gefahr läuft etwas zu große als zu kleine Flächen zu erhalten, so ist die Lorey'sche Berechnung nicht nur die mathematisch richtige, sondern auch die praktisch empfehlenswerthere.[1]

Den verschiedenen im Vorstehenden erörterten Fehlerquellen gegenüber darf man billig die Frage aufwerfen, mit wie viel Decimalstellen von Quadratmetern man bei Versuchsbeständen, deren Stämme nach halben Centimetern und weiter abgestuft werden, bezw. bei Aufnahmen für die Praxis zu rechnen nöthig habe. Nach Einführung des Metermaßes begnügte man sich an den meisten Orten mit drei Stellen. Später wurden mehrere vierstellige Multiplications-Kreisflächentafeln berechnet und einige Versuchsanstalten forderten die Benutzung dieser Tafeln. Mir scheint die dadurch bedingte Arbeitsvermehrung in keinem Verhältniß zu der damit verknüpften größeren Genauigkeit zu stehen. In der That zeigen die zur Klärung dieser Frage angestellten Rechnungen, welche ich hierunter mittheile, daß die Berechnungs-Ergebnisse nach dreistelligen Tafeln so genau mit denjenigen nach vierstelligen Tafeln übereinstimmen, daß selbst bei der Berechnung der Bestands-Querflächen für die subtilsten Zwecke von der Verwendung vierstelliger Kreisflächentafeln völlig Abstand genommen werden kann, ja daß man für viele, vielleicht die meisten, praktischen Zwecke sogar mit zweistelligen Tafeln ausreicht.

---

[1] Die vorliegenden Untersuchungen waren bereits ausgeführt, als Weise's Abhandlung über das Kluppen für Taxationszwecke (in Danckelmann's Zeitschrift für Forst- und Jagdwesen 1881. Februarheft) erschien. Weise hat bei der praktischen Tendenz seines Artikels auf die Vergleichung der Abstufungen von 1 bis 5 cm mit der Millimeter-Abstufung verzichten können, was mir dagegen behuf Beantwortung der Frage, welche Abstufung für wissenschaftliche Arbeiten zulässig sei, nicht gestattet war. Uebrigens harmoniren die Weise'schen und meine Untersuchungsreihen auf das Beste mit einander.

		Anzahl der		Durch- messer des Mittel- stammes	I. Kluppirung	II. Kluppirung
		Stämme	Stärke- stufen	cm	nach vollen Centimetern Kreisfläche: qm	
1. Unter- suchung	Berechnung nach 2stelligen Tafeln 3 „ „ 4 „ „	742	45	34,6	69,14 69,114 69,1147	70,53 70,494 70,4981
2. Unter- suchung	Berechnung nach 2stelligen Tafeln 3 „ „ 4 „ „	333	41	30,2	23,68 23,653 23,6531	23,93 23,915 23,9173

Zum Schlusse mag es gestattet sein, die hauptsächlichsten Ergebnisse der im Vorstehenden mitgetheilten Untersuchungen in der Kürze nochmals vorzuführen:

1. Dieselben thuen dar, daß unter den von den Botanikern, am vollständigsten von v. Nördlinger, aufgezählten physiologischen, in einer constanten Richtung wirkenden Factoren es besonders der vorherrschende Wind ist, welcher einen bedeutenden Einfluß auf die Querschnittsform der untersuchten Holzarten dergestalt ausübt, daß bei den meisten Stämmen die OW = Durchmesser prävaliren. Dies zeigt sich in fast allen nicht vollständig gegen die Westwinde geschützten Beständen sowohl in der Ebene als auch am Hange. Die Ansichten Th. Hartig's, daß bei den an Hängen stehenden Stämmen die größeren Durchmesser stets der Richtung des größeren Gefälles folgen, sowie daß die Ringexcentricitäten in der Ebene häufig auf die Structurverhältnisse des unterliegenden Gesteins zurückzuführen seien, werden durch die vorliegenden Untersuchungen nicht bestätigt.

Die Differenzen der OW= gegen die NS=Durchmesser können namentlich bei Buche, Eiche und Kiefer, weniger, wie es scheint, bei der Fichte, selbst schon in jüngeren, noch mehr aber in älteren Beständen so bedeutend werden, daß die aus der Nichtberücksichtigung derselben hervorgehenden Fehler nicht bloß für forststatische Zwecke, sondern nicht selten auch für praktische Massenaufnahmen die erlaubte Grenze überschreiten, weshalb die gewöhnliche Einzelkluppirung, bei welcher sämmtliche Stämme eines Bestandes in der Regel in derselben Richtung gemessen werden, nicht mehr zulässig erscheint. Für wissenschaftliche Zwecke muß vielmehr in allen Fällen Kluppirung über's Kreuz gefordert werden; für praktische Zwecke tritt an Stelle der gewöhnlichen Einzel= kluppirung die Messung nach Th. Hartig'scher Manier oder noch richtiger nach dem oben vom Referenten vorgeschlagenem Verfahren, welches nur ganz geringe Abweichungen gegen die Doppelkluppirung ergiebt.

2. In zweiter Linie ist die genaue Innehaltung der vorgeschrie= benen Meßhöhe auf die Richtigkeit der Bestandsauszählungen von Einfluß und sind daher namentlich an Hängen Vorsichtsmaßregeln zu ergreifen, damit nicht durch falsche Meßhöhen die Richtigkeit ge= trübt werde.

3. Die Querflächensummen werden um so genauer gefunden, je feiner man die Durchmesser abstuft. Die Fehler, welche man bei weiterer Abstufung gegenüber der Millimeter=Abstufung begeht, sind um so geringer, je stärker die Bestände sind. Für wissenschaftliche Unter= suchungen sollte man die Stufen in schwächeren Beständen nicht über $1/2$ cm, in stärkeren Beständen nicht über 1 cm weit wählen; will man für praktische Zwecke einen Fehler in der Kreisfläche von über 1 pCt. vermeiden, so darf man

in 10—15 cm starken Beständen nicht über $1/2$ cm,
„ 20—30 „   „   „   „   „ 4 „
„ 40—50 „   „   „   „ dagegen 5 cm weit und vielleicht noch weiter abstufen.

4. Ob man die Querflächensumme von Beständen bezw. Probe= flächen bei der Messung über's Kreuz aus den arithmetisch=mittleren Stammdurchmessern berechnet oder ob man die halbe Summe der zu sämmtlichen gemessenen Durchmessern gehörigen Kreisflächen der Massen= berechnung zu Grunde legt, macht zwar im Resultate keinen nennens= werthen Unterschied aus, indeß ist das letztere Verfahren dem ersteren aus mehrfachen praktischen Rücksichten vorzuziehen.

Bei der Rechnung mehr als drei Decimalstellen von Quadrat= metern anzuwenden, erscheint selbst für wissenschaftliche Zwecke als eine mit dem Genauigkeitsgrade der Rechnungsgrundlagen nicht im Einklange stehende unnöthige Rechnungserschwerung; für viele, wenn nicht die meisten, praktischen Zwecke genügt sogar die Benutzung zweistelliger Multiplications=Kreisflächentafeln.

Tabelle I.

Oberförsterei.	Forstort und Abtheilung.	Ordnungs-Nr.	Holz- art.	\multicolumn{7}{c}{Des Untersuchungsbestandes}						
				Größe. ha	Exposition.	Bodenneigung.	Durchschnitts- zuwachs pro ha fm	Alter. Jahre	Stammzahl.	mittl. Durchmesser. cm
1.	2.	3.	4.	5.	6.	7.	8.	9.	10.	11.
Brunsleberfeld	Neuegehege	1	Buche	0,10	—	eben	4,7	36	229	10,7
"	Brandholz	2	"	0,25	—	"	4,9	36	578	10,5
"	Beierstedter Holz	3	"	0,10	—	"	4,6	37	308	9,9
Holzminden I.	Kuhschlenke	4	"	0,25	O	1—2°	4,5	40	765	9,9
		5	"	0,25	O	"	—	40	532	10,9
Königslutter	Hainholz	6	"	0,25	—	eben	4,4	43	657	10,8
	Bockshornberg	7	"	0,25	NW	lehn	4,3	43	812	9,9
Harzburg	Burgberg	8	"	0,20	ONO	12°	2,8	50	423	11,5
Brunsleberfeld	Altegehege	9	"	0,25	—	eben	4,4	52	341	15,4
Königslutter	Altfeld	10	"	0,25	—	"	5,7	59	357	17,5
Brunsleberfeld	Beierstedter Holz	11	"	0,25	—	"	4,8	66	228	19,6
	Altegehege	12	"	0,25	—	"	5,8	73	168	25,2
Evessen	Mönchespring	13	"	—	—	"	—	73	570	24,4
Seesen	Katzenstein	14	"	0,25	—	"	5,9	73	198	23,6
Gittelde	Gr. Schmalenberg	15	"	0,25	S	lehn	7,0	74	237	22,4
Seesen	Mittl. Steinbühl	16	"	0,25	NW	"	5,0	79	164	24,3
Hahausen	Osterköpfe 2	17	"	0,50	S	sanft geneigt	5,5	80	273	27,3
Lehre	Mausecamp 77	18	Eiche Buche	0,25	—	eben	—	80	41 22	31,9 33,4
Königslutter	Saukuhle	19	Buche	0,25	—	"	4,6	82	168	24,1
Brunsleberfeld	Oehse	20	"	0,50	—	"	5,1	83	275	27,5
Hahausen	Osterköpfe 1	21	"	0,50	—	"	6,8	84	245	31,1
Brunsleberfeld	Oehse	22	"	0,25	—	"	5,5	84	145	27,2
"	Hühnerholz	23	"	0,50	—	"	5,1	86	254	28,3
"	Gr. Albrechtsholz	24	"	0,50	—	"	7,4	86	253	32,2
"	Teufelsküche	25	"	0,25	—	"	4,6	86	136	27,1
"	Gr. Brunsleber- hagen	26	"	0,25	—	"	5,2	88	123	30,2
"	Jerxheimer Holz	27	"	0,25	—	"	4,4	89	176	24,2
"	Gr. Sundern	28	"	0,25	—	"	4,8	94	145	27,2
Königslutter	Kohlhau	29	"	1,00	—	"	4,8	100	486	29,7
Allrode	Unt. Neuehagen	30	"	—	N	fast eben und sanft geneigt	4,5	102	829	25,8
		31	"	—	N	"	—	102	964	24,1
Schöningen	Burgstelle	32	"	0,50	—	eben	4,2	102	251	29,1
Königslutter	Butterberg 2	33	"	—	O	sanft geneigt	nicht ermit- telt	108	333	30,2
		34	"	—	O	"		108	742	34,6
Brunsleberfeld	Unt. Lattgehege	35	"	1,00	—	eben	4,6	112	346	35,7
Schöningen	Heiligenholz	36	"	0,50	—	"	3,6	113	178	33,9

— 33 —

I. Kluppirung		II. Kluppirung		Procentische Abweichung $p = \dfrac{100 \cdot k_1}{k} - 100$	Ordnungs-Nr.
in der Richtung	Querfläche k qm	in der Richtung	Querfläche k_1 qm		
12.	13.	14.	15.	16.	17.
NS	2,004	OW	2,102	+ 4,9	1
"	5,082	"	5,294	+ 4,2	2
"	2,331	"	2,432	+ 4,3	3
" u. horiz.	5,868	" u. gr. Gef.	5,975	+ 1,8	4
"	4,900	"	5,055	+ 3,2	5
NW—SO	5,974	NO—SW	6,143	+ 2,8	6
" u. gr. Gef.	6,173	" u. horiz.	6,230	+ 0,9	7
"	4,648	"	4,187	— 9,9	8
WNW—OSO	6,366	NNO—SSW	6,326	— 0,6	9
NS	8,179	OW	9,011	+10,2	10
"	6,760	"	6,970	+ 3,1	11
NNO—SSW	8,401	WNN—OSO	8,390	— 0,1	12
NS	26,197	OW	26,980	+ 3,0	13
"	8,890	"	8,453	— 4,9	14
" u. gr. Gef.	9,258	" u. horiz.	9,424	+ 1,8	15
NW—SO	7,526	NO—SW	7,667	+ 1,9	16
NS u. gr. Gef.	15,144	OW u. horiz.	17,098	+12,9	17
NS	3,148	OW	3,392	+ 7,7	18
"	1,872	"	1,966	+ 5,0	
NW—SO	7,522	NO—SW	7,828	+ 4,1	19
NS	15,685	OW	16,975	+ 8,2	20
"	18,979	"	18,338	— 3,4	21
"	8,146	"	8,705	+ 7,3	22
"	15,421	"	16,501	+ 7,0	23
"	19,926	"	21,217	+ 6,5	24
"	7,512	"	8,167	+ 8,7	25
"	8,373	"	9,299	+11,1	26
"	7,857	"	8,358	+ 6,4	27
"	8,165	"	8,671	+ 6,2	28
"	32,577	"	34,920	+ 7,2	29
" u. gr. Gef.	43,568	" u. horiz.	43,108	— 1,1	30
" "	44,342	" "	43,619	+ 1,6	31
NS	15,927	OW	17,367	+ 9,4	32
"	23,653	"	23,917	+ 1,1	33
"	69,115	"	70,498	+ 2,0	34
NW—SO	33,384	NO—SW	35,923	+ 7,6	35
NS	15,620	OW	15,852	+ 1,5	36

Rows 18: } Mischbestand

— 34 —

| Oberförsterei. | Forstort und Abtheilung. | Ordnungs-Nr. | Holzart. | Des Untersuchungsbestandes |||||||
				Größe. ha	Exposition.	Bodenneigung.	Durchschnittszuwachs pro ha. fm	Alter. Jahre	Stammzahl.	mittl. Durchmesser. cm
1.	2.	3.	4.	5.	6.	7.	8.	9.	10.	11.
Königslutter	Steinkuhlenberg 2	37	Buche	1,00	—	eben	5,2	120	353	36,8
Brunsleberfeld	Röllingerhorn	38	„	0,50	—	„	4,1	123	142	37,7
Lichtenberg	Botterpump	39	„	0,25	—	„	6,0	126	98	38,2
Brunsleberfeld	Mehrdorfer Holz	40	„	0,50	—	„	4,6	128	122	42,8
Schimmerwald	Blauebach	41	„	1,00	N	sanft geneigt	—	150	210	41,3
Lehre	Rundeberg 73	42	Eiche	0,25	—	eben		31	436	12,2
„	„	43	„	0,50	—	„		31	767	12,6
„	„	44	„	0,50	—	„		31	865	11,5
„	„	45	„	0,25	—	„		31	410	12,3
„	Luke 45	46	„	0,50	—	„		40	649	15,6
„	„	47	„	0,50	—	„		40	638	14,5
„	„	48	„	0,25	—	„		40	398	14,2
„	„	49	„	0,25	—	„		40	318	15,4
Querum	Wöhren	50	„	0,50	—	„	noch nicht ermittelt	40	358	17,3
„	Hufe	51	„	0,25	—	„		40	203	17,3
„	Wöhren	52	„	0,25	—	„		40	185	17,8
„	„	53	„	0,25	—	„		40	180	18,0
„	Hufe	54	„	0,40	—	„		40	308	18,0
„	„	55	„	0,25	—	„		40	173	18,2
„	„	56	„	0,25	—	„		40	180	18,3
„	„	57	„	0,40	—	„		40	294	18,9
„	„	58	„	0,40	—	„		40	272	20,0
„	„	59	„	0,40	—	„		40	242	20,1
„	„	60	„	1,00	—	„		70	205	29,2
„	„	61	„	1,00	—	„		70	226	29,6
Lehre	Mausecamp 77	62	„	0,50	—	„		85	139	30,5
„	„	63	„	0,50	—	„		85	150	28,9
„	Saukuhle 42	64	„	—	—	„		90	50	59,9
Lehre	Tentelberg 58	65	Kiefer	0,25	—	„	7,1	53	331	18,7
„	Pallisadengehege 67	66	„	0,25	—	„	9,9	54	190	28,0
	Birkengehege 68	67	„	0,25	W	fast eben	8,0	55	255	22,5
Helmstedt	Südl. Magdeburger Berg	68	„	0,25	—	eben	7,0	60	281	21,8
„	Vorb. Mesekenhaide	69	„	0,25	W	sanft geneigt	5,5	73	271	22,1
„	„	70	„	—	—	eben	—	73	271	20,2
Gittelde	Unt. Ritterhaide	71	Fichte	0,25	WSW	sanft geneigt	7,6	97	170	30,0
„	„	72	„	0,25	W	„	6,3	106	154	29,8

I. Kluppirung		II. Kluppirung		Procentische Abweichung $p = \frac{100 \cdot k_1}{k} - 100$	Ordnungs-Nr.
in der Richtung	Querfläche k qm	in der Richtung	Querfläche k_1 qm		
12.	13.	14.	15.	16.	17.
NS	36,356	OW	38,597	+ 6,2	37
,,	15,101	,,	16,550	+ 9,6	38
,,	10,096	,,	12,399	+22,8	39
,,	16,953	,,	18,162	+ 7,1	40
,, u. gr. Gef.	27,999	,, u. horiz.	28,187	+ 0,7	41
NS	4,903	OW	5,183	+ 5,7	42
,,	9,220	,,	9,914	+ 7,5	43
,,	8,816	,,	9,150	+ 3,8	44
,,	4,750	,,	5,013	+ 5,5	45
,,	12,021	,,	12,665	+ 5,4	46
,,	10,137	,,	10,822	+ 6,7	47
,,	6,105	,,	6,434	+ 5,6	48
,,	5,715	,,	6,046	+ 5,8	49
,,	8,070	,,	8,715	+ 8,0	50
,,	4,673	,,	4,888	+ 4,6	51
,,	4,441	,,	4,755	+ 7,1	52
,,	4,440	,,	4,700	+ 5,8	53
,,	7,562	,,	8,094	+ 7,0	54
,,	4,392	,,	4,654	+ 6,0	55
,,	4,550	,,	4,866	+ 6,3	56
,,	7,897	,,	8,554	+ 8,3	57
,,	7,968	,,	8,655	+ 8,6	58
,,	8,009	,,	8,627	+ 7,7	59
,,	13,328	,,	14,167	+ 6,3	60
,,	14,993	,,	16,051	+ 7,0	61
,,	9,799	,,	10,453	+ 6,7	62
,,	9,352	,,	10,266	+ 9,8	63
,,	13,373	,,	14,843	+11,0	64
	8,794	OW	9,288	+ 5,6	65
NW—SO	11,599	NO—SW	11,779	+ 1,6	66
NS u. horiz.	9,770	OW u. gr. Gef.	10,454	+ 7,0	67
,,	9,918	,,	11,006	+11,0	68
,, u. horiz.	9,741	,, u. gr. Gef.	10,994	+12,8	69
,,	8,202	,,	9,218	+12,4	70
der Horizontale	11,960	des gr. Gefälles	12,162	+ 1,7	71
,,	10,759	,,	10,856	+ 0,9	72

3*

Tabelle II.

Oberförsterei.	Forstort.	Ordnungs-Nr.	Holzart.	Exposition.	Neigung.	Boden.	Bestand.
1.	2.	3.	4.	5.	6.	7.	8.
Harzburg	Papenberg	1	Fichte	N	steil	Thonschiefer mitteltief, frisch.	geschlossen I/II. Bonität
"	"	2	Buche	N	"	"	geschloss. II. Bon.
"	Ettersberg	3	"	N	lehn	Thonschiefer ziemlich tiefgründig, frisch.	geschloss. II. Bon.
Evessen	Kuhle	4	"	N	steil	Muschelkalk flachgründig, ziemlich trocken.	geschloss. III. Bon.
"	Landholz	5	"	S	"	Muschelkalk flachgründig ziemlich frisch.	geschloss. II. Bon.
Harzburg	Papenberg	6	"	S	"	Thonschiefer flachgründig, steinig, ziemlich trocken.	geschloss. III. Bon.
"	Burgberg	7	"	W	schroff	"	geschlossener Mischbestand Buche II. Bon. Fichte I/II. Bon.
"	Winterberg	8	Fichte	W	"	Thonschiefer mitteltief, steinig, ziemlich frisch.	geschlossener Mischbestand Buche II. Bon. Fichte I/II. Bon.
"	"	9	Buche	W	steil		
Königslutter	Badeholz	10	Fichte	W	"	Muschelkalk mitteltief, ziemlich frisch.	geschlossen II/III. Bon.
		11	Buche	W	lehn		
Evessen	Kuhle	12	"	W	steil	Muschelkalk mitteltief, frisch.	geschloss. I. Bon.
"	Teufelsküche	13	"	W	"	Muschelkalk ziemlich flachgründig, ziemlich frisch.	geschlossen II/III. Bon.
Harzburg	Burgberg	14	"	O	steil	Thonschiefer mitteltief, frisch.	geschloss. II. Bon.
"	Eichenberg	15	Lärche	W	lehn	Thonschiefer mitteltief, ziemlich frisch.	ziemlich geschlossen

— 37 —

Alter.	Mittl. Durchmesser.	Anzahl der gemessenen Stämme.	Kluppirung 1. in der Hangrichtung.				Kluppirung 2. in der Richtung der Horizontale.				Die größere Kreisfläche		
			Anzahl derj. Stämme, welche in dieser Richtung den größeren Durchmesser haben.	dieselbe entspricht der Himmelsrichtung	Kreisfläche aus den Durchmessern dieser Richtung. qm		Anzahl derj. Stämme, welche in dieser Richtung den größeren Durchmesser haben.	dieselbe entspricht der Himmelsrichtung	Kreisfläche aus den Durchmessern dieser Richtung. qm	liegt in der Richtung	weicht um Procente von der kleineren ab	
9.	10.	11.	12.	13.	14.		15.	16.	17.	18.	19.	20.
120	36,8	80	24	NS	8,289		55	OW	8,731	der Horizontale OW	5,3	Beide Bestände stoßen unmittelbar aneinander und haben gleiche Standortsverhältnisse
120	41,8	60	22	NS	8,060		37	OW	8,398	"	4,2	
150	38,4	50	14	NS	5,707		35	OW	5,894	"	3,3	
90	24,1	100	22	NS	4,360		69	OW	4,723	"	8,4	
50	13,2	100	17	NS	1,299		77	OW	1,445	"	11,3	
120	33,1	100	17	NS	8,204		79	OW	8,957	"	9,2	
60	15,4	60	29	OW	1,136		26	NS	1,110	des gr. Gefälles OW	2,3	
60	16,7	60	30	OW	1,326		24	NS	1,308	"	1,3	
150	40,9	50	38	OW	7,017		10	NS	6,146	"	14,2	
150	45,1	94	53	OW	15,112		41	NS	14,922	"	1,3	
50	20,0	100	66	OW	3,210		31	NS	3,052	"	4,9	
100	30,0	100	54	OW	7,150		40	NS	6,984	"	2,4	
50	18,6	50	37	OW	1,391		11	NS	1,310	"	6,2	
60	19,1	50	21	OW	1,409		28	NS	1,464	der Horizontale NS	3,9	
50	15,4	50	4	OW	0,905		41	NS	0,958	"	5,8	

Tabelle III.

— 38 —

Ordnungs-Nr.	Bestands-Alter.	Stammzahl.	Mittl. Durch- messer.	Ab- stufung	1. Berechnung nach dem Verfahren der Versuchsanstalten.		2. Berechnung nach Lorey's Verfahren.	
					Querfläche.	Fehler- Procente gegen die Messung nach	Querfläche.	Fehler- Procente gegen die Messung nach
	Jahre.		cm	nach	qm	mm	qm	mm
1.	2.	3.	4.	5.	6.	7.	8.	9.
1.	50	423	11,2	mm	4,1873	.	4,1873	.
				½ cm	4,1870	0	4,1870	0
				1 „	4,2355	+ 1,14	4,1791	− 0,20
				2 „	4,2204	+ 0,79	4,1648	− 0,53
				3 „	4,2336	+ 1,11	4,1643	− 0,53
				4 „	4,2685	+ 1,94	4,2316	+ 1,58
				5 „	4,2574	+ 1,68	4,2000	+ 0,85
2.	50	423	11,9	mm	4,6482	.	4,6482	.
				½ cm	4,6379	− 0,22	4,6379	− 0,22
				1 „	4,6964	+ 1,04	4,6320	− 0,35
				2 „	4,7005	+ 1,13	4,6301	− 0,39
				3 „	4,7254	+ 1,66	4,6852	+ 0,80
				4 „	4,7416	+ 2,01	4,6358	− 0,26
				5 „	4,7078	+ 1,28	4,6665	+ 0,40
3.	73	198	23,7	mm	8,7279	.	8,7279	.
				½ cm	8,7123	− 0,18	8,7123	− 0,18
				1 „	8,7831	+ 0,63	8,7141	− 0,16
				2 „	8,7318	+ 0,04	8,6945	− 0,38
				3 „	8,7689	+ 0,47	8,7442	+ 0,18
				4 „	8,7711	+ 0,49	8,7428	+ 0,17
				5 „	8,8500	+ 1,40	8,7655	+ 0,43
4.	73	198	23,8	mm	8,8360	.	8,8360	.
				½ cm	8,8206	− 0,17	8,8206	− 0,17
				1 „	8,8546	+ 0,21	8,7574	− 0,89
				2 „	8,8500	+ 0,16	8,7839	− 0,59
				3 „	8,8425	+ 0,07	8,7687	− 0,76
				4 „	8,9555	+ 1,35	8,9222	+ 0,97
				5 „	9,0025	+ 1,87	8,9424	+ 1,20
5.	73	198	24,0	mm	8,9323	.	8,9323	.
				½ cm	8,9414	+ 0,10	8,9414	+ 0,10
				1 „	8,9864	+ 0,61	8,8866	− 0,51
				2 „	8,9916	+ 0,66	8,9189	− 0,15
				3 „	8,9853	+ 0,59	8,8898	− 0,48
				4 „	8,9816	+ 0,55	8,9558	− 0,26
				5 „	9,0216	+ 1,00	8,9340	+ 0,02
6.	73	198	24,2	mm	9,0832	.	9,0832	.
				½ cm	9,0851	+ 0,02	9,0851	+ 0,02
				1 „	9,1157	+ 0,36	9,0587	− 0,27
				2 „	9,1408	+ 0,63	9,0374	− 0,54
				3 „	9,1437	+ 0,66	9,0166	− 0,73
				4 „	9,1582	+ 0,83	9,1070	+ 0,26
				5 „	9,1423	+ 0,65	9,0543	− 0,32

— 39 —

Ordnungs-Nr.	Bestands-Alter.	Stammzahl.	Mittl. Durch- messer.	Ab- stufung	1. Berechnung nach dem Verfahren der Versuchsanstalten.		2. Berechnung nach Lorey's Verfahren.	
					Querfläche.	Fehler-Procente gegen die Messung nach	Querfläche.	Fehler-Procente gegen die Messung nach
	Jahre		cm	nach	qm	mm	qm	mm
1.	2.	3.	4.	5.	6.	7.	8.	9.
7.	73	198	24,4	mm	9,2670	.	9,2670	.
				½ cm	9,2653	— 0,02	9,2653	— 0,02
				1 „	9,2944	+ 0,30	9,2364	— 0,33
				2 „	9,3305	+ 0,69	9,2726	+ 0,06
				3 „	9,3676	+ 1,86	9,2953	+ 0,31
				4 „	9,2860	+ 0,21	9,2473	— 0,21
				5 „	9,4104	+ 1,55	9,3099	+ 0,46
8.	80	273	26,6	mm	15,1441	.	15,1441	.
				½ cm	15,1236	— 0,13	15,1236	— 0,13
				1 „	15,2029	+ 0,39	15,0943	— 0,33
				2 „	15,2167	+ 0,48	15,1090	— 0,23
				3 „	15,1282	— 0,10	15,0561	— 0,58
				4 „	15,1849	+ 0,27	15,0975	— 0,31
				5 „	15,1744	+ 0,20	15,0624	— 0,54
9.	80	273	28,2	mm	17,0982	.	17,0982	.
				½ cm	16,9057	— 1,13	16,9057	— 1,13
				1 „	16,9343	— 0,96	16,8509	— 1,45
				2 „	16,8815	— 1,27	16,8071	— 1,70
				3 „	16,9471	— 0,88	16,8722	— 1,32
				4 „	16,8514	— 1,44	16,7770	— 1,88
				5 „	16,9059	— 1,12	16,7857	— 1,83
10.	110 bis 180	210	41,2	mm	27,9986	.	27,9986	.
				½ cm	27,9638	— 0,12	27,9638	— 0,12
				1 „	28,0375	+ 0,14	27,9115	— 0,32
				2 „	27,9660	— 0,12	27,8495	— 0,53
				3 „	28,0389	+ 0,14	27,9557	— 0,15
				4 „	27,9445	— 0,19	27,8295	— 0,61
				5 „	28,0628	+ 0,23	27,9912	— 0,03
11.	110 bis 180	210	41,3	mm	28,1871	.	28,1871	.
				½ cm	28,1837	— 0,01	28,1837	— 0,01
				1 „	28,2393	+ 0,18	28,1250	— 0,22
				2 „	28,1919	+ 0,02	28,0391	— 0,53
				3 „	28,2827	+ 0,34	28,1811	— 0,02
				4 „	28,1933	+ 0,02	28,0381	— 0,53
				5 „	28,2379	+ 0,18	28,1665	— 0,07

Tabelle IV.

Ordn.-Nr.	Mittl. Durch- messer cm	1. Fehler-Procente nach dem Verfahren der Versuchsanstalten.						Quer- Summe.	
		Abstufung nach							
		½	1	2	3	4	5		
		cm	cm						
1.	2.	3.	4.	5.	6.	7.	8.	9.	10.
1	11,2	0	1,14	0,79	1,11	1,94	1,68	6,66	⎫ 7,00 durchschnittlich.
2	11,9	0,22	1,04	1,13	1,66	2,01	1,28	7,34	⎭
3	23,7	0,18	0,63	0,04	0,47	0,49	1,40	3,21	
4	23,8	0,17	0,21	0,16	0,07	1,35	1,87	3,83	
5	24,0	0,10	0,61	0,66	0,59	0,55	1,00	3,51	
6	24,2	0,02	0,36	0,63	0,66	0,83	0,65	3,15	⎬ 3,81 „
7	24,4	0,02	0,30	0,69	1,86	0,21	1,55	4,63	
8	26,6	0,13	0,39	0,48	0,10	0,27	0,20	1,57	
9	28,2	1,13	0,96	1,27	0,88	1,44	1,12	6,80	
10	41,2	0,12	0,14	0,12	0,14	0,19	0,23	0,94	⎱ 0,85 „
11	41,3	0,01	0,18	0,02	0,34	0,02	0,18	0,75	⎰
		Durchschnittliche Fehler.							
Nr. 1 bis 11		0,19	0,54	0,55	0,72	0,85	1,01		
„ 1 und 2		0,11	1,09	0,96	1,39	1,97	1,48		
„ 3 bis 9		0,25	0,49	0,56	0,66	0,73	1,11		
„ 10 und 11		0,07	0,16	0,07	0,24	0,11	0,21		
Fehler-Minimum (1 bis 12)		0	0,14	0,04	0,10	0,02	0,18		
Fehler-Maximum		1,13	1,14	1,27	1,86	1,94	1,87		

2. Fehler-Procente nach Lorey's Verfahren.

½	1	2	3	4	5	Quer-Summe.	
		Abstufung nach cm					
11.	12.	13.	14.	15.	16.	17.	18.
0	0,20	0,53	0,53	1,58	0,85	3,69	} 3,06 durchschnittlich.
0,22	0,35	0,39	0,80	0,26	0,40	2,42	
0,18	0,16	0,38	0,18	0,17	0,43	1,50	
0,17	0,89	0,59	0,76	0,97	1,20	4,58	
0,10	0,51	0,15	0,48	0,26	0,02	1,52	
0,02	0,27	0,54	0,73	0,26	0,32	2,14	} 3,22 ″
0,02	0,33	0,06	0,31	0,21	0,46	1,39	
0,13	0,33	0,23	0,58	0,31	0,54	2,12	
1,13	1,45	1,70	1,32	1,88	1,83	9,31	
0,12	0,32	0,53	0,15	0,61	0,03	1,76	} 1,57 ″
0,01	0,22	0,53	0,02	0,53	0,07	1,38	
0,19	0,46	0,51	0,53	0,64	0,56		
0,11	0,27	0,46	0,66	0,92	0,62		
0,25	0,56	0,52	0,62	0,58	0,69		
0,06	0,27	0,53	0,08	0,57	0,05		
0	0,16	0,06	0,02	0,17	0,02		
1,13	1,45	1,70	1,32	1,88	1,83		

MIX
Papier aus verantwortungsvollen Quellen
Paper from responsible sources
FSC® C105338

If you have any concerns about our products,
you can contact us on
ProductSafety@springernature.com
In case Publisher is established outside the EU,
the EU authorized representative is:
**Springer Nature Customer Service Center GmbH
Europaplatz 3, 69115 Heidelberg, Germany**

Printed by Libri Plureos GmbH
in Hamburg, Germany